"珍爱美丽家园"丛书编委会

丛书编委会主任　王　欢　洪　伟

丛书编委会成员　（按姓氏笔画排序）

丁雁玲　王　伟　刘英建　李　娟　宋浩志

张　怡　张　毅　陈　纲　陈　燕　范汝梅

金少良　姜　婷　高　青　郭　鸿　崔　旸

韩巧玲　路虹剑

本书主编　郭志滨

编写成员（按姓氏笔画排序）

王　红　叶　楠　苏　芳　杨华蕊　张怡秋

郝　磊　高梦妮　郭志滨　路　莹

生命之源
——水

郭志滨　主编

人民出版社

前　言

　　同学们，水对大家来说都不陌生，它一直伴随在我们的身边，与我们的生活息息相关。不仅如此，水还是人类生存发展、繁衍生息的见证者，更是人类文明的孕育者。

　　从生命开始的那一刻，水就萦绕在我们的身边，有时候它会大方地展现自己的身姿，有时候它又悄悄地隐藏在我们的生活中。有水流过的地方就会变得生机勃勃。因此水是国家战略发展的核心要素，它是每一个人、每一个家庭、每一座城市的命脉。

　　水是生命之源，可是今天我们却面临着严重的水危机，很多地方人均占有水量不足，例如，北京已经被列入严重缺水城市之列。面对这样的水危机，我们能做些什么呢？

　　史家小学的同学们，从 2007 年开始就开展了"饮水思源、节水护水、感恩行动"。同学们，以节水、惜水、护水为己任展开行动，不仅仅探索了北京地区的水质特征，水量储备情况，更积极倡导校园节水、家庭节水、社区节水，同时还开展了走进南水北调工程水源地的实地考察活动。同学们在丹江口水库提取水样，进行水质检测，设计各种有趣的水实验，在库区边种植护水林，走进库区移民的家。这些实践体验活动，让同学们深刻地体会到节水护水行动的至关重要与势在必行。从此，节水行动成为史家小学常年开展的一项科技实践活动。十年的时间，让节水护水的意识在学生心中扎根，让同学们更加自觉主动地约束自己的行为。

在与水结缘的过程中，同学们提出了在学校开展废水绿化的建议并且付诸行动。每个班级，每个办公室，都有回收桶，隔夜的水、无洗涤剂的废水，都进入到回收桶，孩子们用这些水，在楼顶进行绿化，将校园布置得更加美丽。

节水护水行动的深入开展不仅让同学们树立了节水护水的意识，更是积累丰富了与水有关的知识。各种有趣的水实验让同学们更加全面地认识水，"指过留痕""水滴放大镜""水的压力""水的表面张力""身体里的水"等一个个有趣的水实验成为孩子们最喜欢的科学活动，学生不仅自己参与小实验，还将这些小实验送到了密云、延庆、顺义、湖北等许多地方，先后在北京市中小学科技宣传的会场上进行展示与推广。活动中同学们自信表达，精彩绽放，赢得了社会的关注！

史家小学的节水活动，先后三次在全国创新大赛中获得科技实践活动一等奖。很多同学成为保护水环境的小达人。

亲爱的同学们，赶快打开《生命之源——水》这本书吧！这里记录了很多有趣的水故事、水实验、水文化，它将带着你走进水的世界，去了解水不为人知的一面！

目 录

身边的水

珍爱美丽家园

水与生命

　　地球是一颗蓝色的星球，表面大部分被海洋覆盖，水滋养了地球的生灵，是地球的灵魂。如果没有水，人类将从地球上消失，美丽的蝴蝶将不再翩翩起舞，万紫千红的花卉将不再怒放，地球将失去色彩，变得死一般的寂静。

观察与提问

　　人类生活在一个水的世界中。从海洋到云朵，水以各种形态存在于这个世界中。请同学们说一说，大自然中哪里有水？水的存在形态有哪些？

学习与体验

地球上的水分为海洋水、陆地水和大气水。地球的水以不同的形式在陆地、海洋和大气间不断循环。水的循环决定着全球的水量平衡，其中海洋水约占地球水储量的96.5%，陆地水约占3.5%，大气水占比最少。地球的储水量很丰富，共有13亿—14亿立方千米之多。虽然水的储量巨大，但能直接被人类生产和生活利用的却少得可怜。除去96.5%的海洋水外，陆地淡水仅占全球总水量的2.53%，其中，又有80%以上被冻结在南极和北极的冰盖中，加上难以利用的高山冰川和永冻积雪，人类真正能够利用的淡水资源只占整个水量的0.025%左右。

请你试着画出地球的水资源结构：

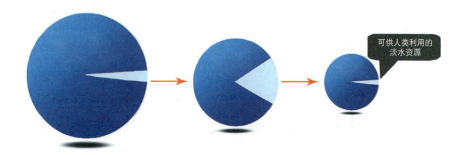

可供人类利用的淡水资源

　　由于人类可利用的水资源有限，且分布不均，世界上很多地区面临水资源短缺的困境。中国就是一个干旱缺水十分严重的国家。目前，在全国 660 多个城市中，有 400 多个城市不同程度缺水，有 108 个城市严重缺水，沿海城市的水资源供需矛盾尤为突出，部分地区地下水超采严重。

　　全国缺水前五名的大中型城市分别为甘肃省武威市、陕西省延安市、河北省石家庄市、北京市、天津市。你能从地图上找到这些城市分布的区域吗？查一查它们的年降水量是多少？城市人均水量是多少？请列举这些城市缺水的原因。

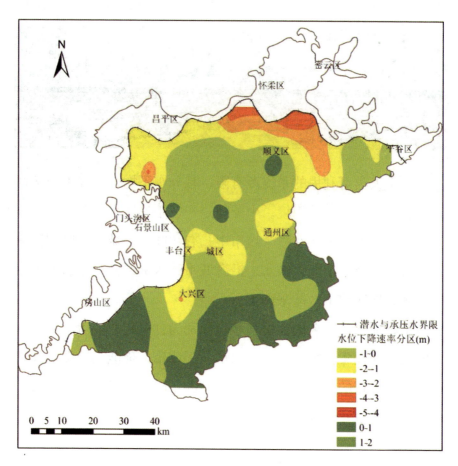

北京地区地下水超采情况图

请同学们收集北京水资源的相关数据，说一说北京的缺水情况。

用水体验

如果一天仅能限量使用 1000 毫升的水，生活中你将如何安排用水量呢？让我们一起来体验一下吧！

	刷牙	洗脸	饮用	洗手	其他	剩余水量
用水量						

通过限量用水的体验活动，请谈一谈你的感受。

水作为一种自然资源，和我们的生活息息相关，人类的各种生产、生活活动都需要用到水。人类对水资源的开发利用分为两大类：

一类是消耗型。从水资源取走所需的水量，用于满足人们生

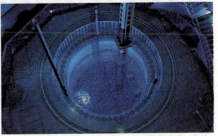

珍爱美丽家园

活和工农业生产的需要，使用后水量有所损耗，质量有所变化，从另一地点回归到水循环，例如，日常洗漱、消防灭火、工业冷却、农田灌溉等用途。

　　另一类是利用型。例如，取用水能、发展水运、水产养殖和休闲娱乐等，这些活动不需要从水源取走水量，但是需要河流、湖泊、河口保持一定的水位、流量和水质。

探究与发现

　　找一找我们身边有哪些"看不见"的水？

　　你知道吗，生命体中也含有水分，我们平时吃的水果、蔬菜，包括我们身体里也含有很多的水。水是生物体的重要组成部分。水在不同的生物体内含量不同。

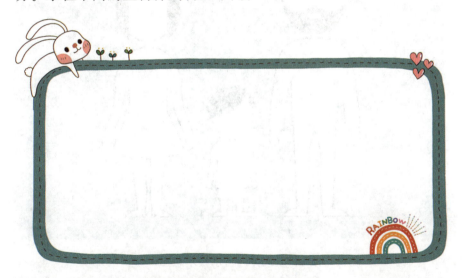

不同生物体中的含水量（%）

生物体	水母	鱼类	蛙	哺乳动物	藻类	高等植物
质量分数	97	80—85	78	65	90	60—80

不同果蔬中的含水量（%）

果蔬	桃	马铃薯	苹果	生姜	葡萄	白菜
质量分数	87	79	84	87	87	95

人体内也含有相当多的水，你能根据幼儿和成人体内的含水量，在下图中涂出人体中水的比例吗？

幼儿和成人体内含水量示意图

人可数日无食，不可一天无水。水是生命之源，也是人类必需的元素之一。人体每天都要消耗水，所以及时补充水分至关重要。4岁以上儿童，每天饮水800毫升以上，成年女性饮水可达到1500毫升，成年男性饮水可达到1700毫升。

那么如何更健康地饮水呢？根据我国制定的生活饮用水国家标准，饮用水的 pH 值在 6.5—8.5 之间，最佳值为 7.5。

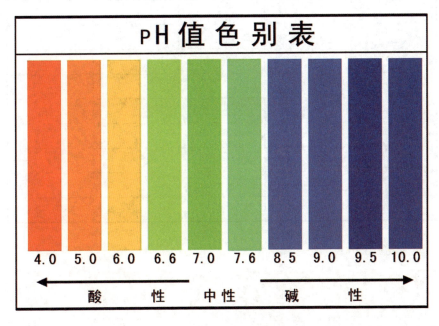

测一测：我们平时摄入的水或饮料是否都适合我们日常饮用呢？

观察记录表

水样	颜色	气味	pH 值	其他
唾液				
自来水				
矿泉水				
饮用纯净水				
苏打水				
饮料 1 (　　)				
饮料 2 (　　)				
饮料 3 (　　)				
饮料 4 (　　)				

实验分析：

实验结论：

我认为经常饮用（　　　　　　）更为健康。

　　水对我们的生命起着重要的作用，是生命的源泉，是人类赖以生存和发展的不可缺少的最重要的自然资源之一。所以说，人的生命一刻也离不开水！

生活用水小调查

　　大自然中的淡水资源是有限的，我们国家的水资源十分短缺，北京就是一个严重缺水的城市。而我们日常生活用水量却是巨大的，你知道家庭一个月用多少吨水吗？这些水都用在哪些地方？有没有采取节水措施？同学们可以开展一次关于家庭用水情况的调查。

一、调查准备

（一）调查背景

1. 再生水利用

　　淡水是一种可再生的资源，其再生性取决于地球的水循环。生活小区的中水循环使用是消除污染源的一项重要措施。中水一般指再生水，即废水或雨水经适当处理后，达到一定的水质指标，满足某种使用要求，可以进行有益使用的水。其水质介于自来水（上水）与排入管道内污水（下水）之间，故名为"中水"。中水可用于厕所冲洗、园林和农田灌溉、道路保洁、洗车、城市喷泉、冷却设备补充用水等。

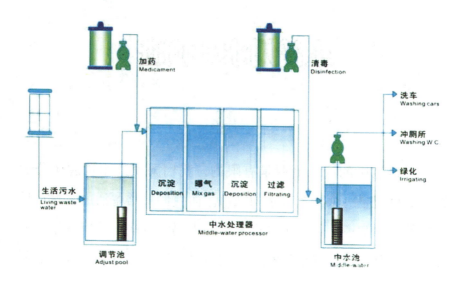

2. 水表

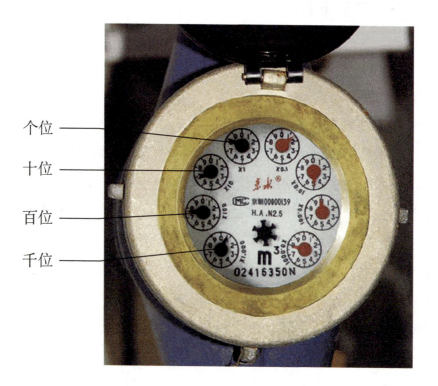

珍爱美丽家园

水表一般红色的是小数位，黑色的是整数位。例如，x100档是 3、x10 档是 2、x1 档是 5，那么读数就是 325 吨。看水表的关键是每档逢小读，比如 x10 档的指针在 2 和 3 的中间，那么x10 档就是 2，其他各档也相同。上图中水表的读数：_____吨。

（二）调查目的

通过对生活用水情况调查，分析被调查人群对水资源重要性的认知程度，调查人们是否有主动节约用水的行为和习惯，并针对其中的浪费现象原因，提出相关实质性的节水建议，促使人们作出正确的措施来节约用水。

（三）调查方法

我选择 _____ 调查方法。

（问卷调查、采访调查、专家访谈、统计调查、文献调查等）

（四）制订计划

请同学们确定活动的主题，制订计划，做好调查准备。

调查活动准备记录表	
1	小组成员	
2	人员分工	
3	活动时间	
4	困　难	
5	解决办法	

选择适合的调查研究方法，并设计调查方案，与小组成员一起开展调查活动。

同学们可以借鉴下面的问卷设计进行调查，根据实际情况自行增减，更换调查项目，或者独立设计新的调查表展开活动。也可以选择其他调查研究方法进行调查，并将调查设计方案写出来。

生活用水调查问卷

调查人员：＿＿＿＿＿＿＿＿＿ 调查时间：＿＿＿＿＿＿＿＿＿＿

亲爱的同学／尊敬的老师：

您好！我是＿＿＿＿＿＿＿＿的学生，正在展开一项生活用水情况的调查，请您抽出宝贵的时间填写此表，以便我们更加细致地了解您的生活用水情况。

生活用水行为调查表

序号	调查问题	是否/其他
1	你是否会查看水表？	
2	在洗脸、洗手、刷牙时你是否随时关闭水龙头？	
3	洗碗筷时你是否使用流水冲洗？洗碗筷时间大约是多少？	
4	在洗澡时你是否淋浴？	
5	日常生活中，你是否收集洗菜水、淘米水用于浇花？	
6	洗脸水、洗澡水你是否收集用于冲厕所？	
7	你是否了解"中水"？什么是"中水"？	
8	你是否知道哪些地方能用到中水？	
9	你家小区中是否收集雨水加以利用？	
10	你是否具有节约用水的意识，并有节约用水的习惯？	

珍爱美丽家园

调查项目打分标准

问题	1	2	3	4	5	6	7	8	9	10
是	1	1	1	0	1	1	1	1	1	1
否	0	0	0	1	0	0	0	0	0	0

请同学们及时收集调查问卷数据并根据打分标准进行评分，填入表中，得分越高说明生活用水越节约，浪费越少。

我发现：

家庭生活用水量调查表

	饮水	做饭刷碗	洗漱洗澡	洗衣	擦桌拖地	浇花	其他
周一							
周二							
周三							
周四							
周五							
周六							
周日							

请同学们根据"家庭生活用水量调查表"的数据画出家庭用水量的统计图。

综合上述调查，我发现：

三、调查分享

通过对生活用水的调查，你了解到哪些情况？你对此有什么看法？对于节约用水你有了哪些新的认识？我们能做些什么？请你汇总调查信息和结果，并和同学们一起交流分享。

珍爱美丽家园

实验小达人："不同样子"的水

你做过素馅馅料吗？如果直接在切碎的蔬菜上撒盐，过一段时间会出现什么现象呢？

为什么会出现这种现象？我们一起用实验研究一下。

实验一

实验材料

请同学们根据下图中的工具和材料，设计一个实验，研究常见的瓜果蔬菜中含有水分的多少。

白菜   烧杯   黄瓜   食盐

勺子   西瓜   电子称

纱布   研磨皿

实验方案

请同学们将实验方案用简单的文字或图画的形式记录在下面的方框中。

实验记录

请根据自己的实验方案完成实验操作，并填写实验记录表。

实验材料	原始重量	剩余重量	出水量	备注

请根据实验记录绘制果疏含水比例柱状图。

珍爱美丽家园

比一比：哪种水果蔬菜的出水量最多？

实验结论

以上实验说明：

大家都喜欢美丽的鲜花，但是鲜花虽好，却不能常开不谢。今天请同学们利用迅速脱水的方法制作干花，留存一朵不凋谢的花。实验方法很简单，让我们一起来试一试！

实验步骤

1. 准备鲜花干燥剂、给新鲜花朵称重记录数据
2. 将新鲜花朵完全埋入干燥剂中

3. 将容器密封好

4. 等待 2—3 天

5. 取出干燥花朵后再进行称重，记录实验数据

6. 比较前后数据，得出结论

实验记录

	1	2	3	平均数据
干燥前				
干燥后				

实验结论

通过数据的对比你能说一说缺少的部分是什么吗？

实验揭秘

通过实验可以看出，我们食用的蔬菜水果、身边的花草树木中都含有大量的水分。植物的生长同动物一样也需要水，没有水

生物就无法存活。这是因为生物体是由细胞构成的，水是细胞中是含量最多的物质，担负着新陈代谢的重要工作。虽然在不同种类的生物体中，水的含量各有不同，但是一般来说，生物体中水的含量为60%—95%左右，因此说水是生命体最主要的组成部分一点都不为过。

前面的实验中，我们采取的"研磨"的方法可以破坏细胞结构，从而让细胞释放出一些水分；食盐可以提高细胞外界环境的液体浓度，细胞为了维持平衡，内部的水分就会渗出到细胞外，继而呈现渗出水分的现象。做素馅馅料时，放盐后出汤就是这个道理。实际上不仅盐具有这样的作用，糖、碱等都具有相似的作用。但这些方法并不能准确测出生物体中的含水量。

使用干燥剂或者烘干的方法可以得到更加准确的含水量。这两种方法都能够比较彻底地清除植物体内的水分，我们通过前、后两次称重，就能计算出生物体的含水量。与烘干不同的是，干燥剂可以在吸干水分的同时，不破坏其他组织结构，因而可以用来制作干花。

博悟学习营：水利工具我认识

探究启航

　　《雍正耕织图》是清代宫廷画师以雍正皇帝形象为原型创作而成，画中所表现的天子三推、皇后亲蚕的情境，反映了中国古代男耕女织的小农经济图景。

　　请同学们仔细观察上述图片，并用文字描述出图中人物都在做什么。

珍爱美丽家园

　　这是一幅以我国古代农业生产为题材的镂空剪纸作品。作品的背景采用汉代画像砖石的农耕题材，用镂空的技法来表现古代时期的农耕场面。

　　中国古代文明是以农耕文明为主，水是农耕之本。古代劳动人民创造了众多灌溉工具以满足农田对水的需求。古老的灌溉工具和机械折射出古代劳动人民的智慧和精湛设计思想。让我们一起走进中国农业博物馆去学习吧！

探古寻今

　　请你在活动中，去找一找下面的几种工具。在下表中，将图片中工具和名称正确连线，并写出它们的用途。

名 称	图 片	用 途
擢 瓢		
水转连磨		
翻 车		
手摇龙骨水车		

随着社会科技的进步，农业工具也在不断地发展。对比古今工具，你有什么发现吗？

喷　灌

滴　灌

请你分析上图中两种灌溉方式的优势和不足，并想想你在哪里见过这种设施。

名　称	优　势	不　足	应用地点
喷　灌			
滴　灌			

根据这幅新疆地形图，分析一下新疆的地形特征。

珍爱美丽家园

新疆的地形特点是山脉与盆地相间排列，由北向南构成"三山夹两盆"的地形格局。"三山"即北部的阿尔泰山、中部的天山和南部的昆仑山及喀喇昆仑山；"两盆"即北部的准噶尔盆地、南部的塔里木盆地。

在新疆一些冲积扇地形地区，土壤多为沙砾，渗水性很强，山上雪水融化后，大部渗入地下，地下水埋藏也较深。为了将渗入地下的水源引出，供平原地区灌溉，开挖井渠是比较方便的方法。这种地下水渠，也就是我们常说的吐鲁番的"坎儿井"。

冲积扇　冲积扇是河流出山口处的扇形堆积体。当河流流出谷口时，摆脱了侧向约束，其挟带物质便铺散沉积下来。冲积扇平面上呈扇形，扇顶伸向谷口；立体上大致呈半埋藏的锥形。

你能画一画，吐鲁番最著名的灌溉方式"坎儿井"的原理吗？

水与文化：探寻之旅

自古至今，水与人们的生活息息相关。因此，人们在长期生产实践过程中，形成了丰富多彩的水文化。

鉴赏悦读

请观察下面这幅图，你看到了什么？你能用所学过的诗词为图片配一首诗，并说出这首诗描绘的是什么地方的景色吗？

望庐山瀑布

唐 · 李白

日照香炉生紫烟，

遥看瀑布挂前川。

飞流直下三千尺，

疑是银河落九天。

地点：庐山

珍爱美丽家园

诗：

地点：

诗：

地点：

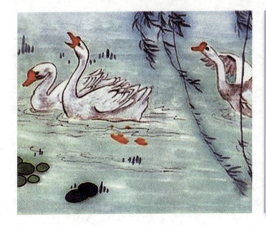

诗：

地点：

从这些诗词中，你感受到了"水"有哪些特点？

妙语连珠

关于水，古今的文人墨客，留下了许多优美的诗词歌赋，同时，也有很多关于"水"的成语，你知道哪些？万水千山……

水是什么样的？拿起你的画笔，将下图补充完整吧！

　　古人对水的欣赏，不仅在诗词歌赋中有所体现，而且在文字的记载、生活用品的装饰、传统节日的庆祝和节气规律的总结中，都有着不同程度的体现。

"水"字的变迁

　　"水"字在最开始并不是写成现在的样子。在漫长的演化过程中，"水"字从最初的甲骨文，到现在的楷体、宋体，经历了巨大的变化。观察"水"字的演变过程，感受"水"文字的美。

甲骨文			金文		篆文

隶书	楷书	行书	草书	标准宋体
水	水	水	水	水

水

　　随着时间的推进，人们在不断地对水进行描绘、记录，并加以艺术化的想象。古人的生活用品中出现了很多与水有关的画面。请观察下面这幅图中的文物，说说你有什么发现。

马家窑类型水波纹彩陶盆

珍爱美丽家园

我发现：

　　水波纹是这个彩陶盆的主体图案。仔细观察你会发现，水波纹图案被古人巧妙地进行了圆内切三等分。你也试着在圆圈中画出三等分的水波纹图案吧！

　　创作过程中，同学们遇到了什么困难？

　　6000 年前，古人在不能借助任何先进工具的情况下进行创作，能把水波纹图案画得如此形象、生动，他们是怎么做到的呢？

古人对水如此熟悉，你觉得他们生活在什么样的地方？他们是怎么生活的？

上网搜一搜，看看这种彩陶盆中常见的文饰图案，除了水波纹，还有哪些其他文饰，试着画一画这些文饰图案，与古人进行一次思想大碰撞吧！

珍爱美丽家园

节日习俗

人们对水有如此深的情怀，充分体现了人们对水的依恋和敬畏。因此，在我国的传统文化中，出现了许多与水有关的节气和节日。想一想，你都知道哪些？

节气：

节日：

上图是我国的一个特别重要的传统节日活动——端午节赛龙舟。这一活动是端午节的主要活动之一。

端午节是怎么形成的？在端午节这天，人们还有哪些其他习俗活动？请把想到的活动写下来。

拓展延伸

端午节是我国汉族的习俗，少数民族有哪些与水有关的节日？请查阅资料找找看。

节水举措

节水设施与措施

　　水是生命的源泉，是人类赖以生存和发展的不可缺少的最重要的自然资源之一。在日常生活中，我们打开水龙头，水就源源不断地流出来，可能丝毫感觉不到水的危机。但事实上，我们赖以生存的水资源，正日益短缺。

观察与提问

　　观察图片，你知道这些都是什么常见的家用节水设施吗？它们为什么能够节水呢？

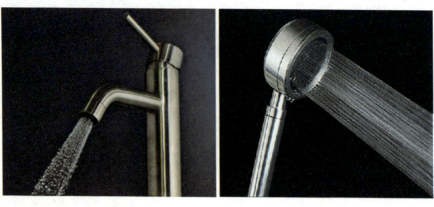

你能说说你身边还有哪些节水设施吗？

学习与体验

　　观察下图，请同学们查阅资料，并按照图例在我国水资源分布图上找出缺水带、少水带、过渡带、多水带、丰水带分布在哪些区域，并选择恰当的颜色表示图中的水资源分布，将地图涂上颜色。

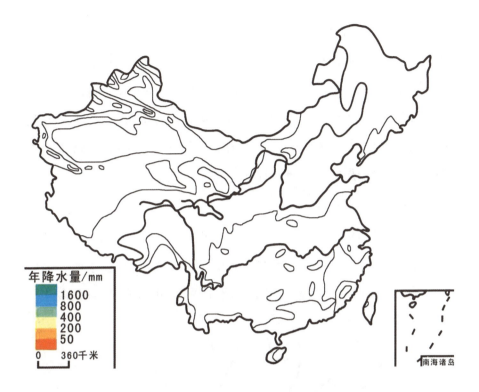

年降水量/mm
1600
800
400
200
50
0　　360千米

南海诸岛

　　图中我国缺水、少水的地区很多。不同地区的节水措施各不相同。内蒙古自治区在内蒙古高原上，地势平坦、一望无际。气候属温带大陆性气候，年降水量由东部的 400 毫米降至其西部的 50 毫米以下，属于半干旱、干旱地区，处于缺水带和少水带。内蒙古自治区采用喷灌以及滴灌的方式进行节水。

　　黄土高原地区是世界上水土流失最严重和生态环境最脆弱的地区之一，地势由西北向东南倾斜，除部分石质山地外，大部分为厚层黄土覆盖，黄土层平均厚度在 50—80 米之间，最厚达 150—180 米，所以当地人即使打井很深也没有水。该地区受流水长期强烈侵蚀，逐渐形成千沟万壑、地形支离破碎的特殊自然景观。地貌起伏大，山地、丘陵、平原与宽阔谷地并存，四周为山系所环绕。

　　黄土高原地区淤地坝是非常重要的水利工程设施。其主要目的是滞洪、拦泥、淤地、蓄水、建设农田、发展农业生产、减轻黄河泥沙。最早的淤地坝是自然形成的，距今已有 400 多年历

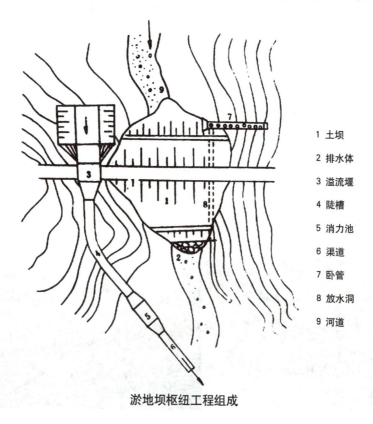

1 土坝

2 排水体

3 溢流堰

4 陡槽

5 消力池

6 渠道

7 卧管

8 放水洞

9 河道

淤地坝枢纽工程组成

史。明代隆庆三年（公元 1569 年），陕西子洲县黄土洼，因自然滑坡，形成"天然聚湫"，后经人工整修，形成坝高 60 米，淤地 800 多亩的淤地坝。坝地土质肥沃，年年丰收，一直是当地人民群众旱涝保收的基本农田。

为什么同处于缺水带和少水带，内蒙古自治区却并不广泛采用淤地坝工程呢？不同地区的节水工程为何会有所区别？

内蒙古自治区和黄土高原地区都处在缺水带和少水带，那么北京市又处于什么地区呢？你能在水资源分布图中找到北京市吗？

处于过渡带的北京也是一座缺水的城市，那么北京市又采取了哪些节水措施呢？

城市中，小区内，道路上的砖都是普通的砖吗？这些砖有什么特点？为什么要铺这样的砖？你能调查一下吗？

珍爱美丽家园

设计实验：

透水砖真的能透水吗？它们和普通的砖块在透水性能方面的差异大吗？你能设计一个对比实验来比较透水砖和普通砖块的透水性能吗？

实验材料：透水砖、普通砖块、水槽、量筒、烧杯

画出你的实验设计图：

透水砖和普通砖块透水性能比较实验记录表

水量 砖块 种类	起始水量	透出水量	起始水量	透出水量
透水砖				
普通砖块				

实验结论：

画一画：你能根据透水砖的优势，为透水砖画一幅广告画，使更多人认识它并愿意使用它吗?

中国是一个干旱缺水的国家。虽然我国淡水资源总量非常丰富，但人均水资源占有量却极其稀少，是全球人均水资源最贫乏的国家之一。因此我国制定了许多政策、法律条例来鼓励节约用水，例如，《中华人民共和国水法》《城市节约用水管理规定》等。节约用水，从我做起。让我们树立人人珍惜、人人节约水的良好风尚。

珍爱美丽家园

公共用水小调查

水，孕育和维持着地球上的全部生命。正因为有了水，地球才成为茫茫宇宙中的生命绿洲。水也被喻为农业的命脉、工业的血液。如果没有水，就不会有生命，也不会有人类社会的一切。同学们可以开展一次关于社区用水情况的调查。

一、调查准备

（一）调查背景

"中水"系统的利用

"中水"，顾名思义，就是水质介于上水和下水之间的、可重复利用的再生水，是污水经处理后达到一定的回用水质标准的水。虽然与自来水相比，"中水"的供应范围要小，但在厕所冲洗、园林灌溉、道路保洁、洗车、城市喷泉、冷却设备补充用水等方面，"中水"是最好的自来水替代水源。

就世界范围而言，污水经再生处理主要用于工业生产、农业灌溉和养殖业，以及市政绿化、生活洗涤、地下水回灌和补充地面水等方面。

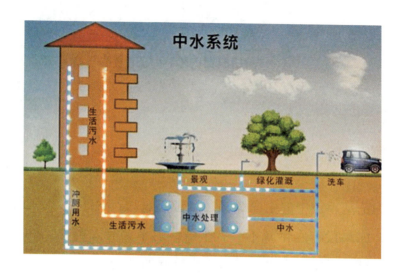

（二）调查目的

北京动物园的犀牛河马馆和水禽湖使用了"中水"系统，效果显著。你想知道他们是怎么设计使用"中水"系统的吗？

通过对犀牛河马馆或水禽湖用水情况调查，根据实际调查情况，分析"中水"系统在动物园的应用范围、使用和维护成本，知道"中水"与自来水的不同，与其优势和不足。进而宣传"中水"的相关知识，按需用水，真正地做到节约用水，合理地进行水资源的再利用。

犀牛河马馆

水禽湖

珍爱美丽家园

（三）调查方法

我选择 _____ 调查方法。

（问卷调查、采访调查、专家访谈、统计调查、文献调查等）

（四）制订计划

请同学们确定活动的主题，制订计划，做好调查准备。

调查活动准备记录表		
1	小组成员	
2	人员分工	
3	活动时间	
4	困 难	
5	解决办法	

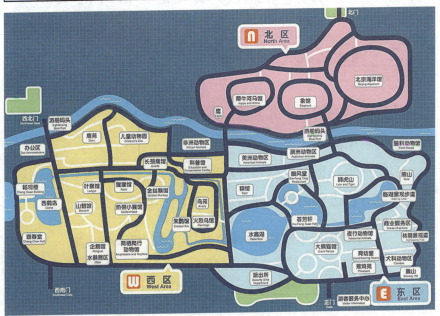

北京动物园的路线图

想一想你会选择哪些物品帮助你留下珍贵的调查资料呢?

A.照相机　　B.录音笔　　C.摄像机　　D.笔记本　　E.手机　　F._____

 二、调查研究

　　选择适合的调查研究方法,并设计调查方案,与小组成员一起开展调查活动。

　　同学们可以根据自己设计的问卷进行调查,也可以选择其他调查研究方法进行调查,并将调查设计方案写出来。

动物园犀牛河马馆/水禽湖"中水"用水小调查

调查人员:_____　调查时间:_____

调查活动记录表
1
2
3
4
5
6
7
8
9
10

我发现：

动物园犀牛河马馆／水禽湖近三年"中水"用水量调查

	年	年	年
"中水利用 m³"／年			

请同学们根据调查的数据画出动物园"中水"用水量的统计图：

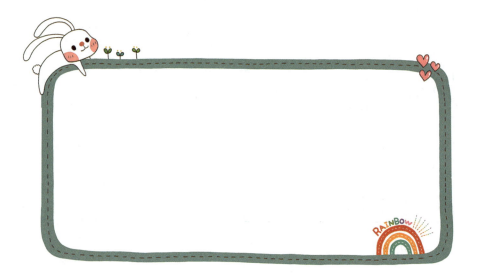

综合上述调查，我发现：

珍爱美丽家园

三、调查分享

通过对动物园"中水"用水调查，你了解到哪些情况？你对此有什么看法？对于"中水"系统你有了哪些新的认识？比较购买成本和维护成本，你认为是否应该在公共场所推广使用"中水"系统？请你把自己的真实想法记录下来与同学们进行交流！

实验小达人：节水举措我探究

前　言

我们在生活中常会看到没有关紧水龙头，一些人觉得水从水龙头里滴出来浪费不了多少水，这是真的吗？我们来统计一下。

实验一

实验材料

秒表

量筒

珍爱美丽家园

实验方案

1. 把水龙头打开，调节到滴水的状态

2. 将量筒放在水龙头下方同时开始计时

3. 一分钟后关闭水龙头，测量水量

4. 反复做三次，取得平均值

5. 通过数据得出实验结论

实验记录

	1	2	3	平均值
1 分钟				
水量（毫升）				

算一算：照这样计算下来，一个滴水的水龙头一天下来会浪费多少水？

实验结论

做完实验我们已经收集很多的水，为了体现节水精神，请你想一想我们如何处理这些水呢？你有什么好的建议？

洗涤衣服是我们用水量较大的日常活动，洗涤衣服的过程中要加入洗衣液，如果洗衣液产生的泡沫过于丰富，就会导致漂洗次数过多，非常浪费水，为了节约用水我们应该选择产生泡沫较少的浓缩型洗衣液，请使用两种不同类型的洗衣液来做一个实验，来验证浓缩洗衣液是否真的能够节水，我们一起来试试。

实验材料

常见

浓缩

市场上两种不同的洗衣液

珍爱美丽家园

搅拌棒　　　　　　　　　　　烧杯 2 个　　　量筒

实验方案

你打算如何操作实验?

实验记录

画一画两个烧杯泡沫的高度。

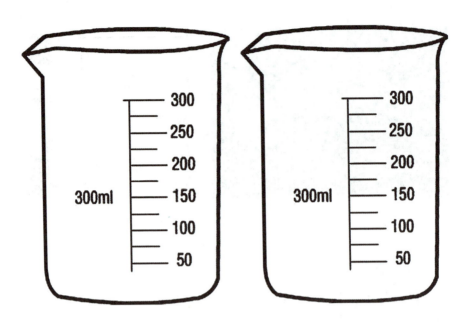

实验结论

通过实验我们看到的现象，如果再让你选择洗衣液的话你会选择哪种洗衣液呢？你的理由是什么？

节水不是不用水，是从浪费中找回能用的水。不明白"节水"二字真正含义的人，总是错误地认为，节水是限制用水，甚至是不让用水。其实，节水是让人合理地用水，提高每一次用水的使用率，不会随意地浪费。专家们指出，就目前到处存在浪费的情况来说，运用已有的技术和方法，农业可以减少10%—50%的用水，工业可以减少40%—90%的用水，城市可以减少30%的用水，且丝毫不会影响经济发展和生活质量的水平。

博悟学习营：节水设施我知道

探究启航

　　在地球上，哪里有水，哪里就有生命。可我们的北京是一个缺水城市，地下水持续超量开采，地表水开发已达 90% 以上。如何科学、合理地利用有限的水资源，发展新型的节水、集水灌溉技术，是摆在我们面前的重要课题。今天要带大家走进号称"世界上最小的城堡"的团城去看一看。

　　我们都知道团城高出地面四五米，是镶嵌在古典皇家园林北海和中南海之间的一颗绿色明珠，郁郁葱葱的古松古柏形成"空中花园"。团城上的松柏以"古""名"而著称，树龄 300 年以上

的古树有 17 棵，同学们知道的"白袍将军""遮荫侯"就是其中较为著名的。团城上的古松古柏大多生长在高台的大砖缝隙中，"于夹缝中求生存"，求生之难可想而知。但历经百年沧桑的古木，却一直是生机勃勃，苍翠青葱，数百年来，无论是大雨倾盆，还是久旱无雨，古树百代常青，历久不衰。这里面，有着怎样的奥妙呢？请把你了解到的其中秘密用一句话写出来。

探古寻今

在 2012 年 7 月，当大雨在京城泛滥成灾，位于降雨中心位置的北海团城却如往常般平静，无任何积水报告。让我们找一找其中的具体缘由吧！

请你说一说左图中显示的设施是干什么用的？团城中一共有多少个这样的设施呢？

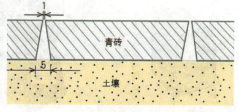

团城地面青砖铺砌示意图（单位：厘米）

上页右图是团城地面青砖铺砌示意图，写一写青砖及它这样铺设的好处在哪里？

青砖

倒梯形砖缝和槽孔式排水

123cm

67cm

渗排系统涵洞横断面

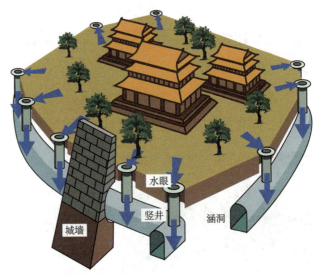

水眼

竖井

涵洞

城墙

团城渗排系统示意图

同学们看懂图中团城的排水系统了吗？试一试画出这套系统的工作流程。

随着经济的发展、人口的增加和生活质量的提高，城市对水的要求越来越高。作为奥运会主场馆的国家体育场和国家游泳中心，在雨洪资源的综合开发利用方面力求技术先进、充分合理、切合实际，彰显"绿色奥运"的闪光点。

查找资料，结合鸟巢和水立方的建筑结构特点，写一写它们

鸟巢

水立方

在雨水收集方面的设计。

名　称	雨水收集方式	设计理念（写或画）
鸟　巢		
水立方		

拓展延伸

每年 3 月 22 日是世界节水日，其宗旨是唤起公众的节水意识，加强水资源保护。例如，下图的马桶，只是一个简单的设计，却能够让我们感受到节约用水的观念已经渗透到生活的点点滴滴中。

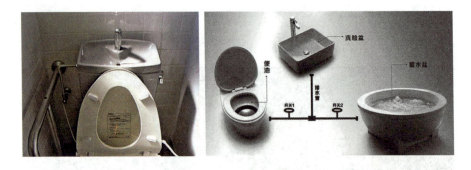

图中节水措施同学们看懂了吗？这样的设计理念好不好，有没有不如意的地方？结合我们中国国情来说，你能不能改进一下让它既体现节水精神同时又方便使用，请把你的创意画下来！

各国节水措施

日本

学生使用的铅笔、尺子上印有"节约用水";家庭主妇上厨房用的围裙上也带有节水标记;学校和艺术团体为儿童拍摄节水的电影。

墨西哥

厕所冲洗水量,每次不得超过 6 升;全国厕所全部更换成 6 升模式节水后,解决了几十万居民的家庭生活用水。

美国

美国推出的免冲洗小便器,是一种不用水、无臭味的厕所用器具,其实仅仅是在小便器一端加个特殊的"存水弯"装置。

你还知道哪些国外的节水措施呢?

珍爱美丽家园

水与文化：饮水思"源"

水——生命之源。无论古代、现代，水对我们的生产生活都有着重要意义。因此，节约用水、爱惜水资源，是我们的生活之本。

请仔细阅读下面这首诗，一起感受诗词的魅力吧！

天马歌（节选）

唐·李白

鸡鸣刷燕晡秣越，神行电迈蹑慌惚。

天马呼，飞龙趋，目明长庚臆双凫。

尾如流星首渴乌，口喷红光汗沟朱。

通过阅读，此诗中的"渴乌"二字同学们注意到了吗？那么它到底是什么意思呢？跟着老师一起来发现、探索吧！

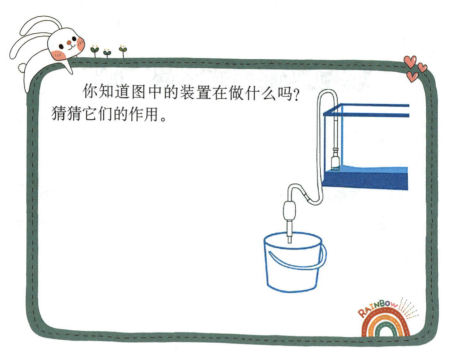

你知道图中的装置在做什么吗？猜猜它们的作用。

请你简单阅读下面这段小知识，你学习到了什么？和大家交流下吧！

虹吸　利用液面高度差的作用力，将液体充满虹吸管后，将开口高的一端置于装满液体的容器中，容器内的液体会持续通过虹吸管从开口于更低的位置流出。

你可用虹吸原理制作一个浇花的装置吗？请仔细阅读下面这段诗词，我们再从诗词中找找"渴乌"，谈谈自己的理解吧！

后汉书·宦者传（节选）

东汉·张让

又作翻车渴乌，施於桥西，用洒南北郊路，以省百姓洒道之费。

珍爱美丽家园

通过阅读，能简单说说你对这段诗词的理解吗？

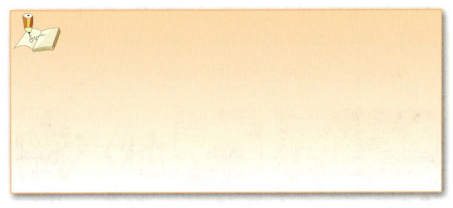

思考一下，古代虹吸管的名称是什么呢？你的依据是什么？

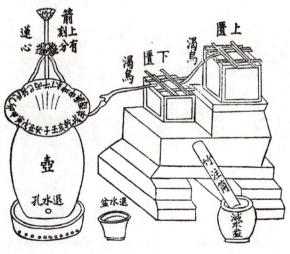

小提示：仔细观察左图，你发现了什么？请你将古代的虹吸管在图中标注出来！

古代的水利设施多种多样，除了"渴乌"外，在《水轮赋》这首诗词中同样介绍了一种设施："水能利物，轮乃曲成。升降满农夫之用……终夜有声。"

通过阅读，《水轮赋》中所描述的工具是（　）。

　　　A. 水力翻车　　　　　　B. 筒车　　　　　　　C. 水排

同学们的判断依据是什么？三个水利设施间的区别在哪儿？请简单描述下。

珍爱美丽家园

中国疆土辽阔，不同地区的土质特点不尽相同。那么，对于土质疏松，不利于开挖河道的地区，人们是怎样改造环境，利用水资源造福人们生活的呢？

龙首渠

西汉时，汉武帝计划修水渠引洛水灌溉农田。修渠要经过商颜山，这里土质疏松，渠岸易于崩毁，不能采用一般的施工方法。因此，劳动人民发明了"井渠法"，即采用地下挖井，井井相连的办法，使所修之渠从地下穿过七里宽的商颜山，这个水渠取名"龙首渠"。它作为中国历史上第一条地下水渠，体现了中国古代劳动人民高度智慧的结晶，在世界水利史上也是一个伟大的创举。

龙首渠示意图

龙首渠支渠遗址

想一想

井渠法的一个特点是地下挖井，因此水是不会大面积暴露在地面的。找一找，以下几幅图中所展示的水渠哪个用到了井渠法？（　）。

结合你的选择，谈谈以下几个利用不同方法修建的水渠，其地质和气候条件是什么样的。

A. 坎儿井　　　　　　　B. 隋唐大运河　　　　　　　C. 灵渠

井渠法

西汉龙首渠所发明的井渠法为世界水利事业提供了宝贵的经验。井渠法在当时就通过丝绸之路传到了水资源紧缺的西域。为了更好地保存地下水，中亚和西南亚的干旱地带也用这种办法灌溉农田。

自从人们意识到利用地下水的便利，古代中国开始了大量利用地下水资源的历史，于是出现"井"这种水利设施。井对人们的生活影响极其深远，甚至在墓葬文化中都有不同程度的体现。两汉时期，由于厚葬之风的盛行和"事死如事生"观念的加强，与人们生产生活密切相关的陶井模型就出现在墓葬中。在著名的清明上河图中，也有关于人们使用井的记载。你能在右图中找到井吗？请你圈出来吧。

清明上河图（局部）

　　古时人们用水通常是井水，那么为什么今天我们用到的水称为自来水呢？查阅资料，看看自来水真的能自己出来吗？它是怎么进入千家万户的呢？

　　正是由于古时候井是街头巷尾随处可见的设施，随着文化的不断发展，人们把平民百姓的街巷文化称为"市井"文化。作为文明古都，北京有其独有的市井文化，你能看出以下几幅场景分别是指什么吗？

治水与治国

治水故事与国家发展

"水能载舟，亦能覆舟。"水有回清倒影，浮光跃金之美，但同时也有急湍甚箭，猛浪若奔之澎湃。水，在尽情展现你的雄壮美的时候，又很难抑制你那暴戾的特性。你集四方之流，汇聚成滔滔洪水，淹没村庄农田，肆虐天地万物，人们不得不诅咒你如沧海般的滥流。但当最终被人类驾驭时，你又成了造福万生的英雄。

古巴比伦、古埃及、古印度、中国是四大文明古国。《全球通史》（美国斯塔夫里阿诺斯）中提及："中东、印度、中国和欧洲这

四块地区的肥沃的大河流域和平原，孕育了历史上最伟大的文明。"

观察图片，说一说古代四大文明古国的分布有什么特点？

列举三个国家母亲河名称：

　　古代文明都起源大河流域，这些地方自然地理条件都比较优越，尤其是河流提供了肥沃的冲积平原和有利的灌溉条件，极大地促进了农业的发展，从而在此基础上发展了其他科学技术，创造出伟大的古老文明。

学习与体验

　　在三皇五帝时期，帝尧在位的时候，中原地带洪水泛滥，无边无际，淹没了庄稼，淹没了山陵，淹没了人民的房屋，牲畜被冲走了，人民流离失所，很多人只得背井离乡，四处逃荒，还有很多人失去了生命。

珍爱美丽家园

面对这种情况，如果需要你来治理水患，你会如何去做？

　　在当时，尧将治水的任务委任给鲧（gǔn）。鲧采用了围堵的方法，治水治了九年，大水还是没有消退，鲧不但毫无办法，而且消极怠工，拿关系人民生命的艰巨任务当儿戏。后来舜继位，首先革去了鲧的职务，然后把治水的大任交给了鲧的儿子禹。禹吸取了父亲采用堵截方法治水的教训，发明了一种疏导治水的新方法，大禹疏通水道，使得水能够顺利地东流入海。

　　大禹治水凭借的是智慧，例如，治理黄河上游的龙门山，龙

门山在梁山的北面，大禹将黄河水从甘肃的积石山引出，水被疏导到梁山时，不料被龙门山挡住了，过不去。大禹察看了地形，选择了一个最省工省力的地方，只开了一个80步宽的口子，就将水引了过去。传说因为龙门太高了，许多逆水而上的鱼到了这里，就游不过去了。许多鱼拼命地往上跳，但是只有极少数的鱼能够跳过去，据说只要能跳龙门，鱼儿就变成了一条龙在空中飞舞，这就是后人所说的"鲤鱼跳龙门"。

大禹治水一共花了13年的时间，咆哮的河水失去了往日的凶恶，平缓地向东流去，昔日被水淹没的山陵露出了峥嵘，农田变成了粮仓，人民又能筑室而居，过上幸福富足的生活。

后代人们感念他的功绩，为他修庙筑殿，尊他为"禹神"，我们的整个中国也被称为"禹域"。

根据大禹治水的故事，你能总结一下鲧治水失败和禹治水成功的原因吗？请你结合"水的特性"回答这个问题。

从古至今，水患一直存在。1998年我国多地遭遇特大洪水，波及长江、嫩江、松花江等流域。长江洪水是继1931年和1954年两次洪水后，20世纪发生的又一次全流域性的特大洪水之一；嫩江、松花江洪水同样是150年来最严重的全流域特大洪水。

1998 年特大洪水部分受灾数据	
受灾省份（区、市）	29
受灾最严重四省	江西、湖南、湖北、黑龙江
受灾面积①	3.18 亿亩
成灾面积②	1.96 亿亩
受灾人口	2.23 亿人
死亡人口	4150 人
倒塌房屋	685 万间
直接经济损失	1660 亿元

①受灾面积：因灾减产 1 成以上的农作物播种面积。如果同一地块的当季农作物多次受灾，只计算其中受灾最重的一次。

②成灾面积：受灾面积中，因灾减产 3 成以上的农作物播种面积。

探究与发现

善治国者必先治水，水乃命脉，古今皆然。"善为国者，必先除其五害"，"五害之属，水最为大"；"水利兴而后天下可平"。兴水利、除水害，历来是对一个政权、一个国家的考验。水治则邦兴，水患则国衰。在中国，大规模治水活动已有四千年之久，兴水富民、兴水强国的事例比比皆是；而水利废弛、水旱灾害频仍，民不聊生，国乃不国，引发社会动荡乃至改朝换代也不胜枚举。

你知道吗？为什么秦始皇能"席卷天下，包举宇内，囊括四海，并吞八荒"最终统一天下？为什么汉武帝刘彻、隋炀帝杨广、明太祖朱元璋、清圣祖康熙都开创了王朝的鼎盛时期？阅读下面几个小故事，你认为他们都运用了什么相同的治国之道呢？

中国古代四次著名的治水工程	
汉武帝刘彻	黄河是我国古代最为凶名昭著的害河，据不完全统计，仅在汉代就先后决口四十多次。公元前132年，黄河在河南濮阳瓠子一带再次决口。二十三年后，也就是公元前109年，汉武帝下令几万大军，就地由战斗部队转为工兵，在他的指挥下，军民最终堵住了这个二十三年的大口子，令黄河重归故道。
隋炀帝杨广	隋统一全国后，400多年的混乱使北方经济受到严重的冲击，隋炀帝杨广十分重视北方经济区域，经济的发展到这一时期已迫切要求南北经济加强联系。隋炀帝开凿了京杭大运河的永济渠、通济渠、邗沟和江南河。
明太祖朱元璋	洪武年间，全国兴修堰塘四万多处，整治河道四千多处，整修陂渠堤岸五千多处。在这些水利设施的作用下，全国税粮收入就达到三万三千余石，比元代全国税粮收入增加了两倍。
清圣祖玄烨	康熙在位时，他先后六次南巡，视察黄河、淮河和运河的治理工作。到了晚年，他还亲自主持了浑河（现永定河）的治理工作。浑河挟带黄土高原的大量泥沙，经常在下游造成河道淤塞、河水泛滥。康熙亲上河堤，测量出河床已高出堤外地面，是造成水害的主要原因。他亲调民夫，开凿出一条长达二百多里的新河道，使得浑河之水分流下泄，浑河终于出现"从此安流，水害不作"的和平景象。"永定河"，这个名字据说就是康熙亲取的，"永定"二字，这也是康熙皇帝毕生愿望的无意流露。

　　纵观我国历史，历代善治国者均以治水为重，作为的统治者都把水利作为施政的重点，历史上出现的一些"盛世"局面，无不得益于统治者对水利的重视，得益于水利建设及其成就，例如，秦始皇重视水利迎来了全国大一统；汉武帝统治时期，水利事业得到较快发展，水利建设为这一时期的经济繁荣、政治稳定奠定了基础，西汉王朝出现了前所未有的繁荣昌盛局面；明太祖通过兴建水利工程来改善农业生产条件，使明王朝的经济得到恢复发展；康熙皇帝重视水利建设，身体力行参与治水实践，推动

了清代经济向前发展，迎来了后人称颂的"康乾盛世"。

而现代水利工程已不仅仅限于防洪功能，其可分为：防止洪水灾害的防洪工程；防止旱、涝、渍灾为农业生产服务的农田水利工程，或称灌溉和排水工程；将水能转化为电能的水力发电工程；改善和创建航运条件的航道和港口工程；为工业和生活用水服务，并处理和排除污水和雨水的城镇供水和排水工程；防止水土流失和水质污染，维护生态平衡的水土保持工程和环境水利工程；保护和增进渔业生产的渔业水利工程；围海造田，满足工农业生产或交通运输需要的海涂围垦工程等。一项水利工程同时为防洪、灌溉、发电、航运等多种目标服务，称为综合利用水利工程。

现代水利工程的代表莫过于三峡水电站，即长江三峡水利枢纽工程，又称三峡工程。三峡水电站是世界上规模最大的水电站，也是中国有史以来建设的最大型的工程项目。三峡水电站的功能有航运、发电、种植等十多项。

长江三峡水利枢纽工程

珍爱美丽家园

葛洲坝水利枢纽工程是我国万里长江上建设的第一个大坝，是长江三峡水利枢纽的重要组成部分。这一重大的工程，在世界上也是屈指可数的巨大水利枢纽工程之一，是我国水电建设史上的里程碑。

葛洲坝水利枢纽工程

葛洲坝水利枢纽工程是三峡工程的实验坝，是一项综合利用长江水利资源的工程，具有发电、航运、泄洪、灌溉等综合效益。葛洲坝水利枢纽工程建有三座大型船闸，其中一号船闸建在大江上，面积相当于两个篮球场那么大，当时被称为"天下第一门"。

小浪底水利枢纽是黄河干流三门峡以下唯一能够取得较大库容的控制性工程，既可较好地控制黄河洪水，又可利用其淤沙库容拦截泥沙，进行调水调沙运用，减缓下游河床的淤积抬高。1991年4月，七届全国人大四次会议批准小浪底工程在"八五"期间动工兴建。2001年12月，全部竣工。

黄河小浪底水利枢纽工程

苏北灌溉总渠是淮河洪泽湖以下排洪入海通道之一，又是引进洪泽湖水源发展废黄河以南地区灌溉的引水渠道。它兼有排涝、引水、航运、发电、泄洪等多项功能。苏北灌溉总渠经过多年排涝、行洪检验，各项技术指标均达到设计要求，为苏北里下河地区的灌溉和淮河下游排洪作出了重要贡献。

苏北灌溉总渠

北京水系治理小调查

从高空看，北京市的河流在绿树绿草的簇拥环围之下蜿蜒曲折，宽如玉带。北京有五大水系分别是永定河水系、拒马河水系、北运河水系、潮白河水系、蓟运河水系。这五大水系养育着首都两千多万人口，然而北京却是一个极度缺水的城市。你知道北京的水系水质如何？政府又有哪些治理措施？北京有哪些美丽的水景观？同学们可以开展一次关于北京水系治理情况的调查。

一、调查准备

（一）调查背景

1. 北京五大水系

北京地区，主要河流有属于海河水系的永定河、潮白河、北运河、拒马河和属于蓟运河水系的泃河。这些河流都发源于西北山地和蒙古高原。它们在穿过崇山峻岭之后，流向东南，蜿蜒于平原之上。其中泃河、永定河分别经蓟运河、潮白新河、永定新河直接入海，拒马河、北运河都汇入海河注入渤海。

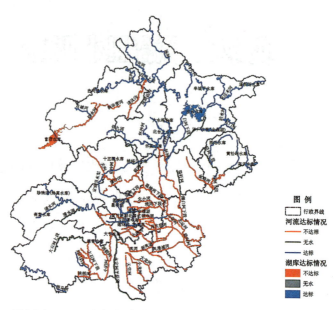

2015年10月北京市地表水现状水质达标评价图

2. 中国水质等级标准的划分

按照《中华人民共和国地表水环境质量标准》，依据地表水水域环境功能和保护目标，我国水质按功能高低依次分为五类：

类　别	用　　途	水质情况
Ⅰ类	主要适用于源头水、国家自然保护区。	水质良好，地下水只需消毒处理，地表水经简易净化处理（如过滤）、消毒后即可供生活饮用。
Ⅱ类	主要适用于集中式生活饮用水地表水源地一级保护区、珍稀水生生物栖息地、鱼虾类产卵场、仔稚幼鱼的索饵场等。	水质受轻度污染，经常规净化处理（如絮凝、沉淀、过滤、消毒等）后，可供生活饮用。
Ⅲ类	主要适用于集中式生活饮用水地表水源地二级保护区、鱼虾类越冬场、洄游通道、水产养殖区等渔业水域及游泳区。	水质经过处理后也能供生活饮用。

续表

类　别	用　途	水质情况
Ⅳ类	主要适用于一般工业用水区及人体非直接接触的娱乐用水区。	水质恶劣，不能作为饮用水源。
Ⅴ类	主要适用于农业用水区及一般景观要求水域。	水质恶劣，不能作为饮用水源。

（二）调查目的

通过对北京水系水质情况以及治理措施进行调查，根据实际调查情况，分析北京水资源情况，调查政府有哪些治理污水措施，并针对其中的污染根源所在，提出相关实质性的保护水资源的建议，促使人们作出正确的措施来保护水资源。

（三）调查方法

我选择 _____ 调查方法。

（问卷调查、采访调查、专家访谈、统计调查、文献调查等）

（四）制订计划

请同学们确定活动的主题，制订计划，做好调查准备。

调查活动准备记录表		
1	小组成员	
2	人员分工	
3	活动时间	
4	困　难	
5	解决办法	

 二、调查研究

选择适合的调查研究方法，并设计调查方案，与小组成员一起开展调查活动。

_____ 水质小调查

调查人员：_____ 调查时间：_____

水样	取水地	周围环境	颜色	气味	pH 值
1					
2					
3					
4					
5					

我发现：

珍爱美丽家园

水系治理措施调查表

序号	地点	所属水系	治理措施	维护状态
1				
2				
3				
4				
5				

选出北京最美的京城水景观，照相留念吧！

综合上述调查，我发现：

三、调查分享

通过对北京水系的调查，你了解到北京水系的水质情况如何？我们有哪些治理措施？请你汇总调查信息和结果，并和同学们一起交流分享。

实验小达人：有力量的水

前言

水能给予我们舟楫之便，给我们带来便利的水路交通，比如古代的河运、漕运等，都是最主要的运输方式。

我们都知道水有浮力，但是如何让浮力帮助船运输更多的货物，我们一直在不断尝试新的方法，那么同学们能不能想出什么好的方法呢？

实验一

实验材料

我们来模拟一个实验。请你使用下面的材料让小船能够托住一定数量的积木。

大家都成功了吗？那么谁能用老师提供的器材让小船搭载更多的积木，请写出你的设计方案。

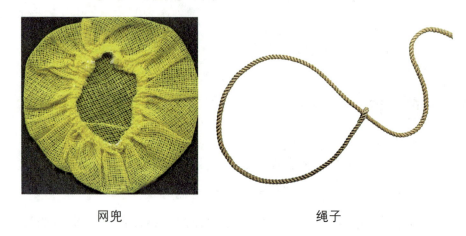

网兜   绳子

实验方案

实验记录

实验结论

增加运载量的有效方法和原理是什么?

我们已经知道了如何让船可以运输更多的货物的方法，但是

在运输的过程中会遇到上下游水位落差大的情况，那么我们又该如何解决呢？聪明的中国人设计了能够让船翻过障碍的设备，这是中国的又一项大发明——船闸。

实验分析

请你仔细观察以下四幅图，看看船是如何向下行驶的。采取的方法是什么？请你给每张图配上说明。

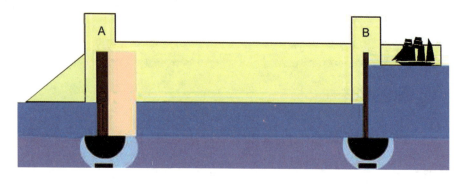

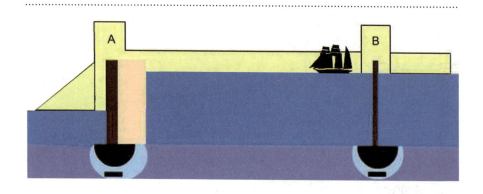

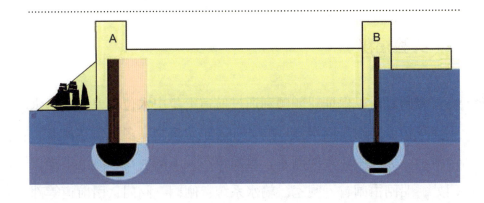

　　我们知道了船如何从上游到下游，如果想从下游到上游，船闸又是如何工作的呢？你能解析它的过程吗？

实验揭秘

　　船闸是用以保证船舶顺利通过航道上集中水位落差的厢形水工建筑物。船闸是应用最广的一种通航建筑物，多建筑在河流和运河上。为克服较大的潮差，也建筑在入海的河口和海港港池口门处。船闸由闸首、闸室、输水系统、闸门、阀门、引航道等部分以及相应的设备组成。

拓展活动

　　观察卫生间利用浮力关闭阀门的器件有哪些？

珍爱美丽家园

博悟学习营：水利工程我了解

探究启航

　　大运河是中国东部平原上的伟大工程，是中国古代劳动人民创造的一项伟大的水利建筑，也是世界上最长的运河。大运河始建于公元前486年，包括隋唐大运河、京杭大运河和浙东大运河三部分，全长2700公里，跨越地球10多个纬度。2014年6月22日，中国大运河在第38届世界遗产大会上获准列入世界遗产名录，成为中国第46个世界遗产项目。

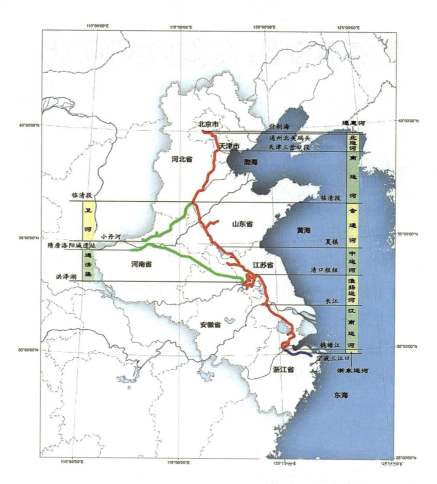

从上图中找一找，大运河地跨了哪几个省？

珍爱美丽家园

大运河纵贯在中国最富饶的华北大平原上，通达海河、黄河、淮河、长江、钱塘江五大水系，是中国古代南北交通的大动脉，至今大运河历史已延续 2500 余年。

在古代，河运有天然河道和人工运河两种。天然河道给人类带来了交通运输的方便，既省力，又经济，一苇之航，只要水力可以胜任，就能随水道所至而达到其沿岸的各地。人工开凿运河的出现补充了天然河道的不足。我国的天然河道基本上都是东西走向，为什么古代人民要花费那么大精力去开凿一条南北走向的运河，这样做有什么意义呢？

　　1952 年，毛泽东同志在视察黄河时提出："南方水多，北方水少，如有可能，借点水来也是可以的。"这是南水北调的宏伟构想首次提出。1979 年，五届全国人大一次会议通过的《政府工作报告》正式提出："兴建把长江水引到黄河以北的南水北调工程。"南水北调工程东线方案就是利用了京杭大运河作为其输水通道。

南水北调工程路线图

观察南水北调工程路线图，分别写出图中东线、中线的起点和终点。

东线：

中线：

我国水资源开发利用历史悠久。几千年来，建设了大运河、都江堰、灵渠等一批著名的水资源利用工程，便利了人们的沟通

交流。放眼世界，也有很多著名的水利工程。例如，世界上有两条著名的运河：巴拿马运河和苏伊士运河。

巴拿马运河

巴拿马运河位于中美洲国家巴拿马，横穿巴拿马地峡，连接太平洋和大西洋，是重要的航运要道，被誉为世界七大工程奇迹之一的"世界桥梁"。

巴拿马运河全长约为 65 千米，而由加勒比海的深水处至太平洋一侧的深水处约 82 千米，最宽处达 304 米，最窄处有152 米。

查阅资料，仿照上面巴拿马运河，简单地介绍一下苏伊士运河。

苏伊士运河

水与文化：中华治水

　　水让世界生机勃勃，水让世界缤纷多彩，水让世界文明如歌。水滋养着地球上的万物生灵，为我们这个世界带来了很多福祉。

　　但是，水有时也给地球带来了灾难，让人类深受其害！因此，人类要利用自己的智慧，合理利用水资源，把灾害损失降到最低。

　　请你阅读此诗，感受诗词之美，并完成下列问题。

> ## 无　题
>
> ### 唐·李商隐
>
> 昨夜星辰昨夜风，画楼西畔桂堂东。
>
> 身无彩凤双飞翼，心有灵犀一点通。
>
> 隔座送钩春酒暖，分曹射覆蜡灯红。
>
> 嗟余听鼓应官去，走马兰台类转蓬。

珍爱美丽家园

阅读此诗后，同学们有哪些感受？请简单分享一下。

请将同学们感受到的画面，简单画在下面。

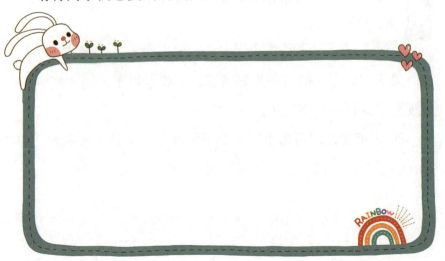

这首诗中有一个流传至今的成语，是 _____。

你知道诗词中"灵犀"的意思吗？发挥想象力，把你的想法写下来吧。

灵犀

古代传说，犀牛角有白纹，感应灵敏，所以称犀牛角为"灵犀"，比喻心领神会。相传犀角有种种灵异的作用，如镇水、镇妖、解毒等。

关于"灵犀"的这些美好寓意，不仅运用于诗词歌赋中，还体现在了这样一件文物上。

2013 年初，四川出土了一个千年神兽，身长 3 米有余、8 吨重，制于秦汉，埋于西晋（如下图所示）。

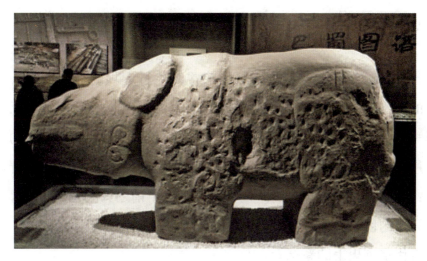

镇水"石犀"

同学们，古人为什么要用如犀牛这类灵兽来镇水呢？你能简单谈谈你的想法吗？

由于遥远的古代，科学技术相对落后，古人在面对水患时，没有好的解决办法，于是将治理不了的水患寄托于灵兽身上，表达他们对生活的美好希望。

同时，人们也在通过自身努力，不断改进技术修建堰坝，使自然环境更加适宜人们的生产与生活。

珍爱美丽家园

自春秋战国以来，历朝历代都曾修建过堰坝。其中最为著名的是秦昭王时在成都平原修建，一直沿用至今的大型水利工程——都江堰。都江堰既有灌溉、航运功能，又起到防洪排水的作用，为成都平原灌溉农区的形成和发展奠定了基础。古人赞称："水旱从人，不知饥馑，时无荒年，天下谓之天府也。"可见，都江堰的创建，体现了劳动人民改造自然的聪明智慧，开创了中国古代水利史上的新纪元。

都江堰水利工程全景图

都江堰水利工程主要由鱼嘴分水堤、飞沙堰溢洪道、宝瓶口进水口三大部分和百丈堤、人字堤等附属工程构成，这些结构科学地解决了江水自动分流、自动排沙和控制进水流量等问题。其中鱼嘴分水堤有江水自动分流和排沙的作用，宝瓶口和飞沙堰有控制进水量的作用。

都江堰水利工程示意图

李冰父子

　　战国时期，秦昭王任命很有才干的李冰为蜀郡守，要他去治理亟待开发的西蜀。李冰到成都上任以后，总结前人治水的经验，提出"分洪以减灾，引水以灌田"的治水方针，决定在岷江上修建一座防洪、灌溉、航运兼用的大型综合水利工程。这就是都江堰工程。

　　都江堰建成以后，蜀地沃野千里，从此被称为"天府之国"。两千多年来，都江堰一直发挥着它的效益，人们赞美它"泽被千秋""功著万代"。为了纪念李冰的历史功勋，人们在都江堰边的玉垒山麓修建了二王庙。庙内前殿塑有李冰彩像，后殿塑有李二郎彩像。李二郎史书上没有记载，宋代以来民间广泛传说李冰有个儿子叫二郎，他曾降伏孽龙，协助父亲建成都江堰。年轻有为的李二郎深受人民爱戴，所以被称为"二郎神"。

　　请同学们连连看，给以下都江堰工程的几个部分配上对应的名称。

宝瓶口

鱼嘴分水堤

飞沙堰

珍爱美丽家园

拓展延伸

2008 年的汶川大地震对都江堰地面上的建筑破坏比较严重，江边的护栏基本都倒塌了。但损坏部分只是后来人们新加固的部分工程，原有的工程基本完好。都江堰工程的建设充分体现了中国古代建筑艺术工程的精妙。

都江堰水利工程是修建在长江支流上的重要水利工程。在我国的另一条重要河流——黄河上，也矗立着影响千秋万代的伟大水利工程，你知道是什么吗？

黄河下游的堤防工程，早在春秋中期就已经逐步形成。从古至今，黄河大堤经过不断改造，加高加固，伴随河沙淤积，堤坝普遍高于地面，在华北平原形成了高耸的"悬河"。

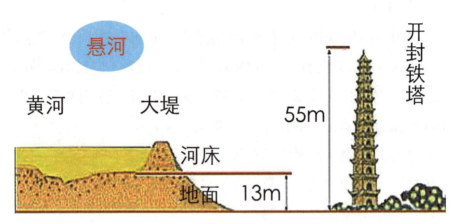

黄河大堤与开封铁塔的水位比较示意图

填一填，比一比

黄河河面高约（　　）米

河床离地面（　　）米

开封铁塔高（　　）米

你发现了什么问题？你能解释一下什么是"悬河"吗？

　　1982 年，黄河中下游发生了大洪水，洪水持续九昼夜。在黄河堤防的控制下，沿岸没有一处发生决口。因此，可以说黄河大堤工程的建设再次体现了中国历代人民的智慧。

珍爱美丽家园

后 记

  党的十九大报告提出"必须树立和践行绿水青山就是金山银山的理念，坚持节约资源和保护环境的基本国策，像对待生命一样对待生态环境。"建设美丽家园已经成为中华民族的中国梦，而每一位中国公民都是追梦人，更是圆梦人。树立建设美丽家园的理念，更应该从娃娃抓起，紧抓学校教育这一主渠道开展积极有效的绿色环保教育。为此，史家教育集团的老师们积极落实十九大精神，完善与丰富学校无边界课程体系，在积极探索与实践中研发了"珍爱美丽家园"这一系列地球与环境为主题的环保教育课程，今天结集在《生命之源——水》《生存之本——粮》《生活之道——物》三本书中，正式出版。

  《生命之源——水》在编写过程中得到中粮集团中粮营养健康研究院郝小明院长的大力支持，他为本册教材提供了丰富的素材资料，多次指导修订设计内容，为本书的编写提供了有力保障。北京市东城区教师研修中心多位教研员、北京市东城区教委相关科室的各位领导也在本书的编写过程中给予精心指导。

  在课程实验阶段，校内人文科技部的全体教师以及所有班主任老师主动承担教学的组织实施工作，确保教学活动顺利进行，课后主动及时地收集各种反馈信息，为课程设计的完善和修改提供了宝贵的意见与建议。在本书付梓之际，向所有参与本书编辑的专家学者及各位同人表示衷心的感谢。

编　者

2018 年 2 月

参与编写工作人员：

高江丽、王连茜、张滢、徐卓、张蕊、张斌轩、汪卉、杨奕、霍维东、范欣楠、曹艳昕、罗曦、卢明文、郭红、李岩辉、张牧梓、徐虹、杨扬、李璐、崔玉文、周舟、耿芝瑞、于佳、徐愫祺、王宁、王雯、张彬、潘璇、翟玉红、杜建萍、李焕玲、刘姗、王珈、杜楠、孙莹、金晶、李红卫、滕学蕾、刘静、张鹏静、白雪、史亚楠、付燕琛、李婕、王华、陈璐、安然、葛攀、王滢、黎童、张春艳、李梦裙、王建云、祁冰、徐丹丹、许觊潘、秦月、潘锶、李超群、李文、冯思瑜、李乐、李丽霞、佟磊、许富娟、鲍虹、温程、石濛、范鹏、贾维琳、史宇佩、王竹新、祖学军、侯琳、海琳、马岩、彭霏、王颖、赵苹、闫春芳、吴金彦、梁晨、闫旭、王丹、陈玉梅、许爱华、沙焱琦、宋宁宁、化国辉、李惠霞、王香春、范晓丽、孔继英、蔡琳、张伟、陶淑磊、王秀军、张鑫然、张艾琼、崔敏、杜欣月、乔龙佳、龚丽、李静、徐莹、刘岩、满文莉、孔宪梅、乔浙、魏晓梅、崔旸、王瑾、刘迎、张书娟、刘玲玲、迟佳、刘力平、王静、张京利、高金芳、王艳冰、郭文雅、吴丽梅、田春丽、李晶、付莎莎、杨春娜、张培华、马晨雪、黄呈澄。

责任编辑：刘松弢

封面设计：胡欣欣

版式设计：杜维伟

图书在版编目（CIP）数据

生命之源——水 / 郭志滨 主编 . —北京：人民出版社，2018.4

（珍爱美丽家园）

ISBN 978 - 7 - 01 - 018463 - 0

I. ①生… Ⅱ. ①郭… Ⅲ. ①水 - 少儿读物 Ⅳ. ① P33-49

中国版本图书馆 CIP 数据核字（2017）第 263123 号

生命之源——水

SHENGMING ZHI YUAN——SHUI

郭志滨 主编

人民出版社 出版发行

（100706 北京市东城区隆福寺街 99 号）

北京汇林印务有限公司印刷 新华书店经销

2018 年 4 月第 1 版 2018 年 4 月北京第 1 次印刷

开本：710 毫米 × 1000 毫米 1/16 印张：8

字数：90 千字

ISBN 978 - 7 - 01 - 018463 - 0 定价：49.00 元

邮购地址 100706 北京市东城区隆福寺街 99 号

人民东方图书销售中心 电话（010）65250042 65289539